Nina Liebhaber

Anwendung der vollständigen Induktion auf Wettbewerbsaufgaben

GRIN Verlag

Bibliografische Information der Deutschen Nationalbibliothek:

Die Deutsche Bibliothek verzeichnet diese Publikation in der Deutschen National-
bibliografie; detaillierte bibliografische Daten sind im Internet über http://dnb.d-
nb.de/ abrufbar.

Impressum:

Copyright © 2010 GRIN Verlag GmbH
Druck und Bindung: Books on Demand GmbH, Norderstedt Germany
ISBN: 978-3-640-85190-4

Dieses Buch bei GRIN:

http://www.grin.com/de/e-book/166328/anwendung-der-vollstaendigen-induktion-
auf-wettbewerbsaufgaben

GRIN - Your knowledge has value

Der GRIN Verlag publiziert seit 1998 wissenschaftliche Arbeiten von Studenten, Hochschullehrern und anderen Akademikern als eBook und gedrucktes Buch. Die Verlagswebsite www.grin.com ist die ideale Plattform zur Veröffentlichung von Hausarbeiten, Abschlussarbeiten, wissenschaftlichen Aufsätzen, Dissertationen und Fachbüchern.

Besuchen Sie uns im Internet:

http://www.grin.com/

http://www.facebook.com/grincom

http://www.twitter.com/grin_com

Comenius Gymnasium Deggendorf   Kollegstufenjahrgang 2009/2011

FACHARBEIT

aus dem Fach Mathematik

Thema: Anwendung der vollständigen Induktion auf
Wettbewerbsaufgaben

Verfasserin: Nina Liebhaber

Leistungskurs: 2M1

Kursleiter:

Abgabetermin: 23.12.2010

Abgabe beim Kursleiter: 23.12.2010

Erzielte Note: .... in Worten: ....

Erzielte Punkte: .... in Worten: ....

(einfache Wertung)

....

Unterschrift des Kursleiters

Gliederung

1. Einleitung

Meine Facharbeit beschäftigt sich mit der vollständigen Induktion als Beweisverfahren in der Mathematik, jedoch liegt der Schwerpunkt nicht in der Definition, sondern in den Anwendungsbeispielen. Hierfür wählte ich fünf Aufgaben aus, die unter anderem aus dem Bundeswettbewerb Mathematik aus den Jahren 1981, 2000, 2002 und 2006 stammen, und ordnete diese nach ihrem Schwierigkeitsgrad. Oft können solche Wettbewerbsaufgaben nicht nur auf eine Weise gelöst werden, aber die vollständige Induktion ist oft ein nützliches Beweisverfahren, wenn beispielsweise eine Aussage über die natürlichen Zahlen bewiesen werden soll.

Die Entscheidung für dieses Thema fiel, weil ich in meiner Schulzeit schon einige Male an Mathematikwettbewerben teilgenommen habe. Ich finde es sehr interessant, mich mit diesen Aufgaben zu beschäftigen, da sie meist ganz anders aufgebaut sind und anders zu lösen sind als die Aufgaben, die aus der Schule bekannt sind.

2. Definition der vollständigen Induktion als Beweisverfahren in der Mathematik

In der Mathematik gibt es drei grundlegende Beweisverfahren: den direkten Beweis, den indirekten Beweis und den Beweis durch vollständige Induktion. Im Folgenden möchte ich näher auf das Verfahren der vollständigen Induktion eingehen.

Die vollständige Induktion beruht auf dem 5. Peano-Axiom (nach Guiseppe Peano, 1858-1932) für die Menge der natürlichen Zahlen $\mathbb{N}$, dem Induktionsaxiom. Dieses lautet folgendermaßen:

> Enthält eine Menge X die Zahl 0 und mit jeder natürlichen Zahl n auch stets deren Nachfolger n', so enthält X bereits alle natürlichen Zahlen.

Diese relativ theoretische und doch logische Definition findet in der Praxis oft ihre Anwendung, wenn eine Aussage A(n) für alle natürlichen Zahlen n bewiesen werden soll.

Der Beweis wird immer nach dem gleichen Muster ausgeführt:

Schritt 1: Die Aussage wird für irgendeine natürliche Zahl n_0 bewiesen. *(Induktionsanfang)*

Schritt 2: Es wird angenommen, dass die Aussage für alle natürlichen Zahlen von n_0 bis n gilt *(Induktionsvoraussetzung)*.

Schritt 3: Anschließend wird die Aussage A(n+1) durch Umformungen und logische Schlüsse aus den Aussagen A(n) bis A(n_0) für die Zahl n+1 bewiesen *(Induktionsschritt)*.

Diese Vorgehensweise möchte ich an einem einfachen Beispiel demonstrieren:

Aufgabe: Man beweise folgende Aussage A(n) für alle n ≥ 1:

$$10^n - 1 \text{ ist durch 9 teilbar.}$$

Lösung:

Induktionsanfang:

A(1): $\qquad 10^1 - 1 = 9$

Da 9 sicherlich durch 9 teilbar ist, ist die Aussage für n = 1 bewiesen.

Induktionsvoraussetzung:

Man nimmt an, dass die Annahme A(n) für ein bestimmtes n wahr ist, es gäbe also eine natürliche Zahl n, für die gilt:

$10^n -1$ ist durch 9 teilbar.

Induktionsschritt:

Jetzt muss nur gezeigt werden, dass die Aussage für n+1 automatisch richtig ist, wenn sie für n richtig ist. Wir beweisen also weder die Aussage A(n), noch A(n+1), sondern die Eigenschaft: wenn A(n) zutrifft, dann trifft automatisch auch A(n+1) zu.

$$A(n+1): \qquad 10^{n+1} -1$$
$$= 10^1 \cdot 10^n -1$$
$$= 10 \cdot 10^n -1$$
$$= (9+1) \cdot 10^n -1$$
$$= 9 \cdot 10^n + 10^n -1$$

Nach der festgelegten Induktionsvoraussetzung ist $10^n -1$ durch 9 teilbar. Da $9 \cdot 10^n$ auch durch 9 teilbar ist, ist unsere Aussage A(n) somit für alle $n \geq 1$ bewiesen.

Anschaulich kann die vollständige Induktion mit Dominosteinen verglichen werden. Es ist zu zeigen, dass, wenn der Stein mit der Zahl n fällt, dann fällt auch der nachfolgende Stein mit der Zahl n+1. Diese Eigenschaft des Dominospiels entspricht dem Induktionsschritt.

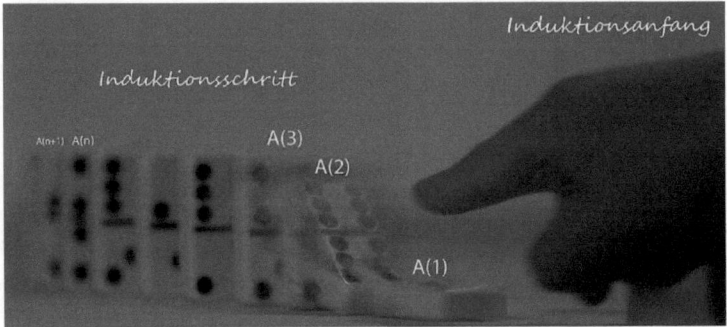

http://www.pohlig.de/Mathematik/VollstaendigeInduktion/vi.htm (Stand: 2.Juni 2010)
http://www.emath.de/Referate/Vollstaendige-Induktion.pdf (Stand: 2.Juni 2010)
http://de.wikipedia.org/wiki/Vollst%C3%A4ndige_Induktion (Stand: 2.Juni 2010)
http://www.mathepedia.de/Beispiele_Teilbarkeit.aspx (Stand 2.Juni 2010)
http://www.referatschleuder.de/upload/270.pdf (Stand 2.Juni 2010)

3.1 Leichte Aufgabe zum Einstieg

Aufgabe: Zeige, dass es in einem ebenen, konvexen n-Eck $\dfrac{n(n-3)}{2}$ Diagonalen gibt.

Lösung:

Induktionsanfang:

Zur Verdeutlichung der Aufgabenstellung ist unten ein ebenes, konvexes Viereck aufgezeichnet, das – wie allgemein bekannt– stets zwei Diagonalen hat.

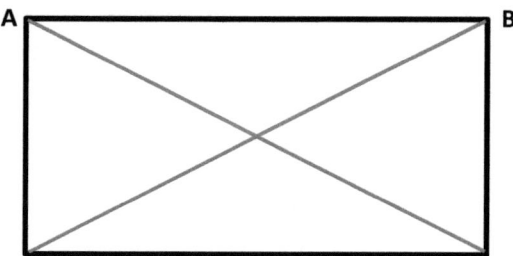

Nun wird überprüft, ob man bei Berechnung der Diagonalenanzahl (bei n=4) mit der gegebenen Gleichung dasselbe Ergebnis erhält.

$$\frac{n(n-3)}{2} = \frac{4(4-3)}{2} = \frac{4}{2} = 2$$

Die Formel ist somit für n = 4 bewiesen.

Induktionsvoraussetzung:

Man nimmt an, dass ein ebenes, konvexes Vieleck mit n Ecken stets $\dfrac{n(n-3)}{2}$ Diagonalen hat.

Induktionsschritt:

Laut Induktionsvoraussetzung ist die Formel für ein beliebig vorgegebenes n gültig. Um zu zeigen, dass sie für jedes n gilt, muss sie für (n+1) bewiesen werden. Laut der Aussage A(n+1) müsste ein Vieleck mit n+1 Ecken $\dfrac{(n+1)((n+1)-3)}{2}$ Diagonalen haben.

Fügt man in das im Induktionsanfang gezeichnete Viereck zwischen den Ecken A und B

noch eine Ecke C ein, so kommen die 3 grünen Diagonalen hinzu. Das heißt, das

Fünfeck hat 5 Diagonalen.

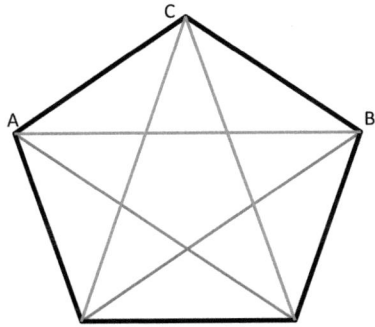

Allgemein kommen pro Ecke, die zu einem Vieleck hinzukommt, immer [(n+1)-3]+1

Diagonalen dazu. [(n+1)-3], weil man zwischen der neuen Ecke (C) und allen anderen

Ecken Diagonalen zeichnen kann, außer zu den beiden anliegenden Ecken (A und B)

und zum Ausgangspunkt selbst. Zu dieser Gleichung muss man noch eine Diagonale

addieren, da es zwischen den Punkten A und B nun auch eine Diagonale gibt.

Zu beweisen:

$$\frac{n(n-3)}{2} + [(n+1)-3]+1 = \frac{(n+1)((n+1)-3)}{2}$$

$\leftarrow$
$$\frac{n^2-3n}{2} + \frac{2(n-1)}{2} = \frac{(n+1)(n-2)}{2}$$

$\leftarrow$
$$\frac{(n^2-3n)+(2n-2)}{2} = \frac{n^2-2n+n-2}{2}$$

$\leftarrow$
$$\frac{n^2-n-2}{2} = \frac{n^2-n-2}{2}$$

Es ist also bewiesen, dass die Formel für alle n-Ecke anwendbar ist.

3.2 Bundeswettbewerb Mathematik 2002, Runde 2, Aufgabe 1

Aufgabe:

„Ein Kartenstapel, dessen Karten von 1 bis n durchnummeriert sind, wird gemischt. Nun wird wiederholt die folgende Operation ausgeführt:

Wenn an der obersten Stelle die Karte mit der Nummer k liegt, dann wird innerhalb der obersten k Karten die Reihenfolge umgekehrt.

Man beweise, dass nach endlich vielen solcher Operationen die Karte mit der Nummer 1 oben liegt." [1]

Lösung:

Induktionsanfang:

Obwohl die Aufgabe mit n = 1 einfacher zu lösen wäre, soll das Problem für n = 3 veranschaulicht werden, da dieses Beispiel didaktisch wirkungsvoller ist. Nach dem Mischen der 3 Karten, die von 1 bis 3 nummeriert sind, gibt es sechs Möglichkeiten, wie die Karten aufeinander liegen können. Je nachdem, wie sie aufeinander liegen, muss dann ihre Reihenfolge vertauscht werden.

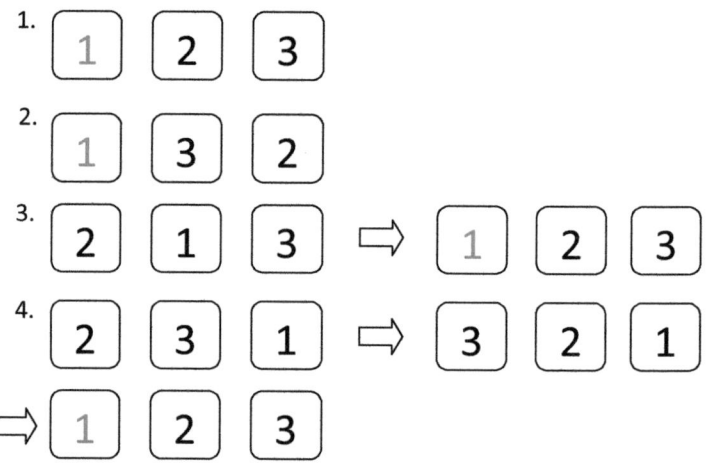

[1] http://www.bundeswettbewerb-mathematik.de/aufgaben/pdf/aufgaben/aufgaben_02_2.pdf
http://www.bundeswettbewerb-mathematik.de/aufgaben/pdf/loesungen/loes_02_2_e.pdf

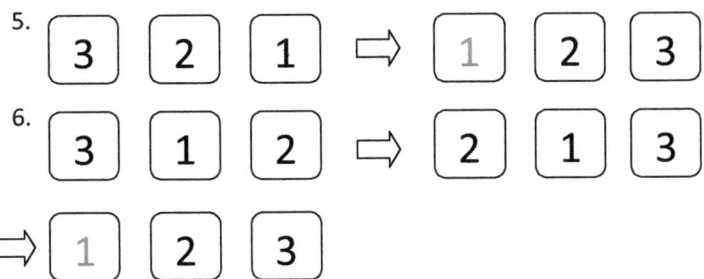

zu 1. und 2.: Wenn bereits vor der ersten Operation die Karte mit der Ziffer 1 ganz oben liegt, ist die Aufgabe sofort gelöst.

zu 3.: In diesem Fall müssen die erste und die zweite Karte vertauscht werden, da die erste Karte die Ziffer 2 hat, das heißt, dass man die Reihenfolge der ersten zwei Karten umdrehen muss. Dann liegt wieder die Karte mit der Ziffer 1 oben auf.

zu 4.: In diesem Fall müssen wieder die erste und die zweite Karte vertauscht werden. Dadurch ergibt sich dieselbe Situation wie bei 5.

zu 5.: Da in diesem Fall die erste Karte die Ziffer 3 hat, muss die Reihenfolge aller 3 Karten umgedreht werden. Dann liegt sofort die Karte mit der Ziffer 1 ganz oben.

zu 6.: Beim letzten Fall ergibt sich durch das Umdrehen der Reihenfolge aller Karten dieselbe Situation wie bei 3. Wie oben bereits geschrieben führt diese zum gewünschten Ziel.

Somit ist für den Fall n = 3 bewiesen, dass nach einer bestimmten Anzahl (nämlich höchstens 2) der erlaubten Operationen immer die Karte mit der Ziffer 1 nach oben kommt.

Induktionsvoraussetzung:

Man nimmt an, dass es für einen Kartenstapel mit n Karten eine endliche Anzahl solcher Operationen gibt, solange, bis die Karte mit der Ziffer 1 oben liegt.

Induktionsschritt:

Laut Induktionsvoraussetzung ist die Aufgabe für einen Kartenstapel mit n Karten lösbar, das heißt sie muss auch für (n+1) Karten lösbar sein. Um das zu beweisen muss man verschiedene Fälle unterscheiden:

1. Die Karte mit der Zahl (n+1) liegt ganz oben auf dem Kartenstapel.
2. Die Karte mit der Zahl (n+1) ist die unterste Karte des Stapels.
3. Die Karte mit der Zahl (n+1) liegt irgendwo in der Mitte des Stapels.

zu 1.:

Falls die Karte (n+1) bereits zu Beginn oder nach ein paar Operationen oben liegt, so muss die Reihenfolge aller Karten umgedreht werden, da es nur (n+1) Karten gibt. Das heißt, die Karte mit der Zahl (n+1) kommt ganz nach unten und wir erhalten die gleiche Situation wie im Fall 2.

zu 2. :

Liegt die Karte mit der Zahl (n+1) ganz unten, dann wirkt sich jede Operation nur auf die Zahlen von 1 bis n aus, wobei es auch sein kann, dass nur ein Teil dieser Zahlen betroffen ist. Die Karte mit der Zahl (n+1) wird nicht mehr von den Operationen beeinflusst, sodass sie immer ganz unten bleiben wird. Der obere Teilstapel besteht nur aus den Karten mit den Zahlen 1 bis n. Laut Induktionsvoraussetzung liegt nach endlich vielen Operationen bei einem Stapel mit n Karten die Karte mit der Zahl 1 ganz oben.

zu 3.:

Von wie vielen Karten die Reihenfolge vertauscht wird, hängt allein von der ersten Karte bzw. ihrer Zahl ab. Die Reihenfolge aller anderen Karten hat keinerlei Einfluss auf die Operation. Solange die Karte mit der Zahl (n+1) immer irgendwo in der Mitte des Stapels liegt, aber nie nach ganz oben kommt, wird nie die Reihenfolge aller Karten vertauscht werden. Somit bleibt die unterste Karte stets unberührt vom Umdrehen der Reihenfolge der Karten. Es können höchstens die ersten n Karten vertauscht werden, falls die Karte mit der Zahl n nach oben kommt. Da die unterste Karte nie nach oben gelangt, sofern nicht zuvor die Karte mit der Zahl (n+1) oben war (und dann würde Fall 1 eintreten), kann man sagen, dass alle Operationen nur die ersten n Karten betreffen. Deswegen kann die unterste Karte auch in die Karte mit der Zahl n+1 umbenannt und dieser dafür die Zahl der untersten Karte gegeben werden. Das ist durchaus zulässig, da weder die Karte n+1 noch die unterste Karte nach oben auf den Stapel gelangen und ihre Nummerierungen deswegen keine Rolle spielen. Das heißt, es liegt ein Kartenstapel, dessen Karten von 1 bis n durchnummeriert sind, vor. Laut Induktionsvoraussetzung liegt nach endlich vielen Operationen bei einem solchen Stapel die Karte mit der Zahl 1 ganz oben.

3.3 Bundeswettbewerb Mathematik 1981, Runde 1, Aufgabe 3

Aufgabe:

„Eine quadratische Fläche der Seitenlänge 2^n ist schachbrettartig in Einheitsquadrate unterteilt. Eines dieser Einheitsquadrate wird entfernt. Man zeige, dass die verbleibende Fläche stets durch Platten der Form █▄, bestehend aus drei Einheitsquadraten, lückenlos überschneidungsfrei bedeckt werden kann." [1]

Lösung:

Induktionsanfang:

Laut Aufgabenstellung ist die Seitenlänge der quadratischen Fläche immer 2^n. Für n = 1 wäre die Seitenlänge also 2. Bei einem solchen Quadrat gibt es vier Möglichkeiten, ein Einheitsquadrat zu entfernen. In der unten abgebildeten Grafik ist zu sehen, dass das Quadrat bei allen vier Entfernungsmöglichkeiten, mit einer Platte bedeckt werden kann.

 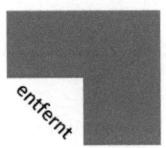 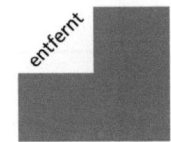 

---

[1] http://www.oliver-faulhaber.de/mathematik/aufgaben/bwm80.htm (Stand: 2.Juni 2010)

Es ist also bewiesen, dass ein Quadrat mit der Seitenlänge 2^1 mit den Platten lückenlos und überschneidungsfrei bedeckt werden kann.

Induktionsvoraussetzung:

Man nimmt an, dass es ein Quadrat mit Seitenlänge 2^n und Fläche 4^n gibt, von dem ein Einheitsquadrat entfernt wurde und, das man mit den gegebenen Platten ausfüllen kann.

Induktionsschritt:

Es gilt also zu beweisen, dass jedes beliebige Quadrat mit Seitenlänge 2^{n+1} laut Aufgabenstellung mit Platten bedeckt werden kann.

Setzt man für (n+1) beispielsweise (2+1) ein, so erhält man ein Quadrat mit der Seitenlänge 8. Dieses würde folgendermaßen aussehen.

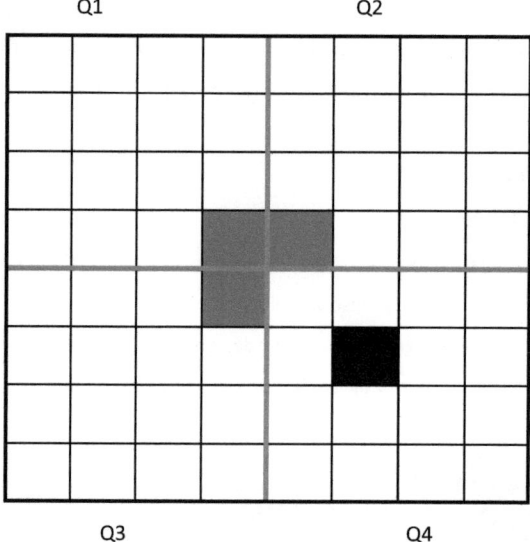

Das schwarz gefärbte Einheitsquadrat steht für das, das laut Aufgabenstellung entfernt wurde. In dieser Grafik teilen die roten Linien das Quadrat mit der Fläche von 64 Einheitsquadraten in vier Quadrate mit je einer Fläche von 16 Einheitsquadraten, die von Q1 bis Q4 durchnummeriert wurden. Nun legt man eine vorgegebene Platte so,

-13-

dass sie je ein Einheitsquadrat von Q1, Q2 und Q3 abdeckt. In der obigen Grafik ist diese Platte blau gefärbt. Sie muss genau so platziert werden und darf sich nicht in Q4 befinden. Nun liegen vier Quadrate mit der Seitenlänge 2^2 und je einem entfernten bzw. bedeckten Einheitsquadrat vor. Laut Induktionsvoraussetzung kann ein Quadrat der Seitenlänge 2^n, bei dem ein Einheitsquadrat fehlt, mit den Platten lückenlos und überschneidungsfrei bedeckt werden.

Allgemein:

Da die Fläche eines Quadrates mit der Seitenlänge 2^{n+1} immer $(2^{n+1})^2 = 4^{n+1}$ ist, kann man es stets in vier gleich große Quadrate zerteilen. Diese vier neu entstandenen Quadrate haben die Fläche A und die Seitenlänge d.

$A = \frac{1}{4} \cdot 4^{n+1}$ $d = \frac{1}{4} \cdot 2^{n+1}$

$A = 4^{(-1)} \cdot 4^{n+1}$ $d = 4^{(-1)} \cdot 2^{n+1}$

$\underline{A = 4^n}$ $d = 2^{(-2)} \cdot 2^{n+1}$

                     $\underline{d = 2^{(n-1)}}$

Ein Quadrat mit der Fläche 4^n, von dem ein Einheitsquadrat fehlt, kann laut Induktionsvoraussetzung mit Platten lückenlos und überschneidungsfrei belegt werden. In einem der vier Quadrate der Fläche 4^n fehlt dieses Einheitsquadrat laut Aufgabenstellung. Um in den anderen drei Quadraten der Fläche 4^n auch ein fehlendes Einheitsquadrat zu simulieren, legt man zunächst eine Platte so, dass diese je ein Einheitsquadrat der drei anderen Quadrate bedeckt. Dann kann man sagen, dass 4 Quadrate der Fläche 4^n vorliegen, bei denen je ein Einheitsquadrat entfernt oder bereits belegt ist. Solche Quadrate kann man laut Induktionsvoraussetzung mit den Platten wie in der Aufgabenstellung gewünscht belegen. Somit ist bewiesen, wenn man ein Quadrat mit der Seitenlänge 2^n mit den Platten auslegen kann, dann kann auch das Quadrat mit der Seitenlänge 2^{n+1} ausgefüllt werden.

3.4 Bundeswettbewerb Mathematik 2000, Runde 2, Aufgabe 1

Aufgabe:

„Gegeben ist ein Satz von *n* Gewichtsstücken (*n*>3) mit den Massen 1, 2, 3, ... , *n*

Gramm. Man bestimme alle Werte von *n*, für die eine Zerlegung in drei Haufen gleicher

Masse möglich ist."[1]

Lösung:

Vorbemerkung:

Zur Lösung der Aufgabe muss zunächst die Gesamtmasse der Gewichtsstücke in

Abhängigkeit von n formuliert werden:

$$\sum_{i=1}^{n} i = \frac{n(n+1)}{2}$$

Jeder Haufen muss ein Drittel dieser Gesamtmasse erhalten, also

$$\frac{1}{3} \cdot \frac{n(n+1)}{2}$$

Diese Gleichung muss ein ganzzahliges Ergebnis haben, sodass die Gewichtsstücke auf

3 Haufen gleicher Masse aufgeteilt werden können. Es muss also das Produkt n(n+1)

durch 2 und 3 teilbar sein. Durch 2 ist es stets teilbar, da n eine natürliche Zahl sein

muss und das Produkt aus einer geraden und einer ungeraden Zahl immer eine gerade

Zahl ergibt. Unabhängig davon, welche natürliche Zahl für n gewählt wird, ist entweder

n oder (n+1) eine ungerade Zahl und die andere eine gerade Zahl. Das heißt, es muss

nur noch erfüllt werden, dass das Produkt n(n+1) durch 3 teilbar ist. Deswegen muss

gelten: n mod3 = 0 oder 2

Induktionsanfang:

Zunächst wird der Fall n mod3 = 0 betrachtet, wobei n > 3 gelten muss.

    Sei n = 6, dann wären 6 Gewichtsstücke mit den Massen 1g, 2g, 3g, 4g, 5g und

    6g vorhanden.

---

[1] http://www.bundeswettbewerb-mathematik.de/aufgaben/pdf/aufgaben/aufgaben_00_2.pdf (Stand: 2.Juni 2010)
http://www.bundeswettbewerb-mathematik.de/aufgaben/pdf/loesungen/loes_00_2_e.pdf (Stand: 2.Juni 2010)

Eine Aufteilung auf 3 Haufen wäre folgendermaßen möglich:

- Haufen A enthält die Gewichtsstücke mit 1g und 6g
- Haufen B enthält die Gewichtsstücke mit 2g und 5g
- Haufen C enthält die Gewichtstücke mit 3g und 4g,

wobei die Bezeichnungen A, B und C beliebig vertauscht werden können.

Der zweite Fall ist $n \bmod 3 = 2$, wobei n wieder größer als 3 sein muss.

Sei $n = 5$, dann wären 5 Gewichtsstücke mit den Massen 1g, 2g, 3g, 4g und 5g vorhanden. Eine Aufteilung auf 3 Haufen wäre folgendermaßen möglich:

- Haufen A enthält die Gewichtsstücke mit 1g und 4g
- Haufen B enthält die Gewichtsstücke mit 2g und 3g
- Haufen C enthält das Gewichtstück mit 5g,

wobei die Bezeichnungen A, B und C wieder beliebig vertauscht werden können.

Induktionsvoraussetzung:

Man nimmt an, dass für ein bestimmtes $n > 3$, wobei $n(n+1)$ durch 2 und 3 teilbar ist, eine Aufteilung auf 3 Haufen gleicher Masse möglich ist.

Induktionsschritt:

Zu beweisen: Wenn die Gewichtsstücke $1,2,...,n$ nach Aufgabenstellung auf drei Haufen verteilt werden können, können auch die Gewichtsstücke $1,2,...n,n+1,n+2,n+3$ auf die gewünschte Art und Weise verteilt werden.

Zu dem Satz der Gewichtsstücke der Massen 1g, 2g, 3g, 4g,..., n Gramm werden also die Gewichtsstücke der Massen $(n+1)$g, $(n+2)$g und $(n+3)$g hinzugefügt.

In der Annahme, dass das Gewichtsstück der Masse 1g bei der Verteilung der n Gewichtsstücke im Haufen A gelandet ist (natürlich können die Bezeichnungen der Haufen wieder beliebig vertauscht werden), könnte das Hinzufügen so aussehen:

- Haufen A: Stück mit 1g entfernen; Stück mit $(n+3)$g hinzufügen
- Haufen B: Stück mit $(n+2)$g hinzufügen
- Haufen C: Stück mit $(n+1)$g und Stück mit 1g hinzufügen

Jeder Haufen wird also um $(n+2)$ Gramm erschwert. Das heißt aber, dass die 3 Haufen untereinander immer noch die gleiche Masse haben.

Somit ist bewiesen, dass für alle $n > 3$ mit dem Dreierrest 0 oder 2 eine solche Zerlegung möglich ist.

3.5 Bundeswettbewerb Mathematik 2006, Runde 2, Aufgabe 1

Aufgabe:

„Ein Kreis sei in 2n kongruente Sektoren eingeteilt, von denen n schwarz und die übrigen n weiß gefärbt sind. Die weißen Sektoren werden, irgendwo beginnend, im Uhrzeigersinn mit 1, 2, 3, ..., n nummeriert. Danach werden die schwarzen Sektoren, irgendwo beginnend, gegen den Uhrzeigersinn mit 1, 2, 3, ..., n nummeriert.

Man beweise, dass es n aufeinander folgende Sektoren gibt, in denen die Zahlen 1 bis n stehen." [1]

Lösung:

Anmerkung: Im Folgenden werden die zwei Teile mit jeweils den Sektoren der Nummern 1 bis n als „Bereiche" bezeichnet.

Induktionsanfang:

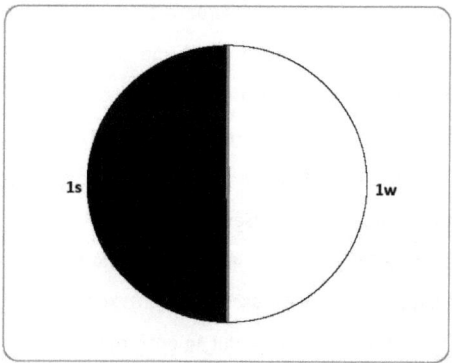

[1] http://www.bundeswettbewerb-mathematik.de/aufgaben/pdf/aufgaben/aufgaben_06_2.pdf (Stand: 2. Juni 2010)
http://www.bundeswettbewerb-mathematik.de/aufgaben/pdf/loesungen/loes_06_2_e.pdf

Die oben stehende Skizze, soll die Aufgabe zunächst für n = 1 veranschaulichen. Es ist klar, dass es bei n = 1 immer eine Trennlinie (hier rot eingezeichnet) gibt, die in der Mitte zwischen den beiden Sektoren verläuft.

Es ist des Weiteren bewiesen, dass es stets eine Trennungslinie für n = 1 gibt, unabhängig von der Größe und Kongruenz der Sektoren.

Induktionsvoraussetzung:

Man nimmt nun an, dass es für ein bestimmtes n stets eine Trennlinie gibt, die die Sektoren so aufteilt, dass in jedem Bereich die Zahlen von 1 bis n zu finden sind.

Induktionsschritt:

Zu beweisen: Wenn die Aussage für 2n Sektoren gilt, dann gilt sie auch für 2(n+1) Sektoren.

Wenn man davon ausgeht, dass die 2n Sektoren durch eine Trennlinie in zwei Bereiche mit je den Ziffern 1 bis n aufgeteilt werden können (Induktionsvoraussetzung), muss man hinsichtlich der Sektoren $(n+1)_s$ und $(n+1)_w$ zwei Fälle unterscheiden:

1. $(n+1)_s$ und $(n+1)_w$ liegen je in einem der Bereiche, die bei einer Sektorenanzahl von 2n durch die Trennlinie gekennzeichnet wurden

2. $(n+1)_s$ und $(n+1)_w$ liegen in einem der zuvor durch die Trennlinie gekennzeichneten Bereiche

Zu 1. :

Liegen $(n+1)_s$ und $(n+1)_w$ in je einem der Bereiche liegen, die zuvor bei 2n Sektoren festgelegt wurden, so gibt es immer eine Trennlinie für 2(n+1) Sektoren, die die Voraussetzungen erfüllt. Die Trennlinie, die 2n Sektoren in die zwei geforderten Bereiche teilt, teilt dann genauso die 2(n+1) Sektoren in zwei solche Bereiche. Laut Induktionsvoraussetzung gibt es bei 2n Sektoren diese Trennlinie, deswegen muss es auch bei 2(n+1) eine geben.

Zur Veranschaulichung ein einfaches Beispiel:

Betrachtet man die Grafik, ist klar ersichtlich, dass die rote Trennlinie vom Punkt A zum Punkt B bei n = 5, sowie bei n = (5+1) den Kreis wie gefordert in zwei Bereiche mit den Zahlen 1 bis 5 bzw. 1 bis 5+1 einteilt.

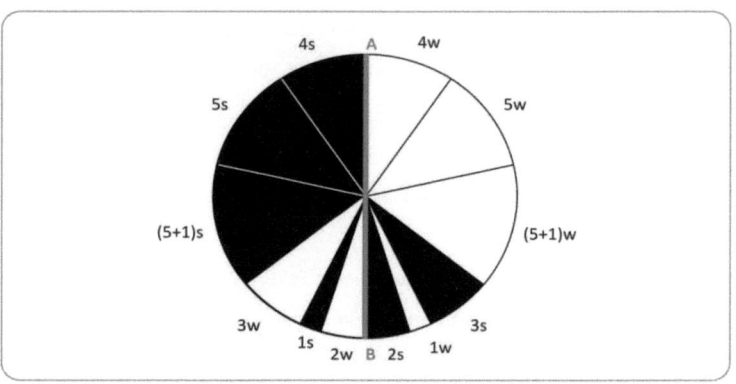

Zu 2.:

Es folgt zunächst ein Beispiel für den 2. Fall.

In der ersten Grafik mit n = 4 könnte die Trennlinie beispielsweise die rote Strecke von A nach B sein.

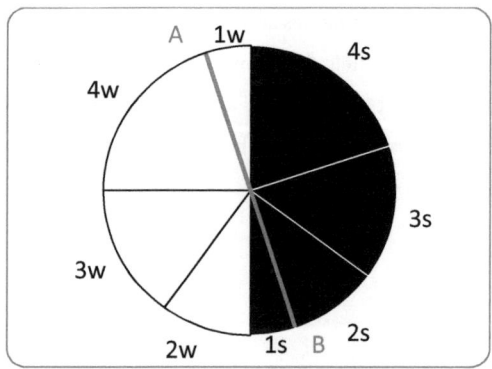

Falls man jedoch bei sonst gleicher Farb- und Zahlenaufteilung die Zahl (4+1) einmal in schwarz (gegen den Uhrzeigersinn) und einmal weiß (mit dem Uhrzeigersinn) hinzufügt, sieht die Grafik beispielsweise folgendermaßen aus:

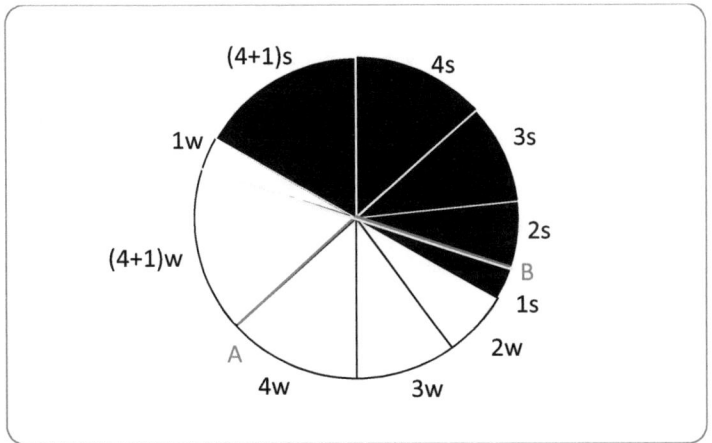

In diesem Fall ist die rote Verbindung keine Lösung mehr, da der eine Bereich zweimal die Zahl (4+1) enthalten würde und der andere dafür gar nicht. Die gelbe Verbindung von A' nach B wäre die richtige Lösung. Die Strecke von B zum Mittelpunkt wurde beibehalten und der Verbindungspunkt A wurde nur um einen Sektor verschoben.

Allgemein: Laut Induktionsannahme können bei n Sektoren der weiße und der schwarze Sektor mit der Nummer n nie im gleichen Bereich liegen. Aus der Tatsache, dass sich die Sektoren $(n+1)_s$ und $(n+1)_w$ in demselben Bereich befinden, folgt, dass:

a) der schwarze Sektor mit der Nummer n gegen den Uhrzeigersinn direkt an der Trennungslinie liegt bzw. dass nur noch weiße Sektoren zwischen ihm und der Linie sind. Dann kann der Sektor $(n+1)_s$ in den anderen Bereich kommen, da er gegen den Uhrzeigersinn hinzugefügt wird. Falls der Sektor $(n+1)_s$ nicht in den gleichen Bereich kommt wie $(n+1)_w$, handelt es sich um den ersten Fall. Man gehe deshalb nun davon aus, dass $(n+1)_s$ im anderen Bereich erscheint.

b) der weiße Sektor mit der Nummer n im Uhrzeigersinn direkt an der Trennungslinie liegt bzw. dass nur noch schwarze Sektoren zwischen ihm und der Linie sind. Man nehme wieder an, dass der Sektor $(n+1)_w$ in den anderen Bereich gelangt, da sonst Fall 1 eintreten würde.

Es ist möglich, dass a) und b) beide eintreten, nur einer oder keiner von ihnen. Treten beide ein, liegt Fall 1 vor, da die zwei hinzukommenden Sektoren in den jeweils anderen Bereich kommen. Falls keiner von ihnen eintritt, tritt ebenso der erste Fall auf. Nur wenn entweder a) oder b) der Fall ist, entsteht die Situation von Fall 2.

Die Sektoren $(n+1)_w$ und $(n+1)_s$ grenzen zwei Gebiete von Sektoren ab. Das eine Gebiet besitzt entweder keine, nur schwarze oder nur weiße Sektoren, während sich in dem anderen Gebiet Sektoren beider Farben befinden können. Den Beweis dafür liefert die Induktionsvoraussetzung, laut der 2n Sektoren in zwei Bereiche mit je den Zahlen 1 bis n geteilt werden können. Weil $(n+1)_w$ und $(n+1)_s$ in einem Bereich liegen, dürfen sich in dem Gebiet zwischen ihnen, dem kleineren der beiden, keine zwei Sektoren mit den gleichen Zahlen befinden. Aufgrund der entgegengesetzten Nummerierungsrichtung von schwarzen und weißen Sektoren wäre das aber zwischen den Sektoren $(n+1)_w$ und $(n+1)_s$ der Fall, würde man Sektoren beider Farben zulassen. O.B.d.A. seien diese Sektoren alle weiß und das Gebiet in dem keine oder nur weiße Sektoren liegen, befinde sich im Uhrzeigersinn von $(n+1)_w$ nach $(n+1)_s$. Betrachtet man die Sektoren im Uhrzeigersinn bei $(n+1)_w$ beginnend, so hat der folgende Sektor entweder die Zahl 1w oder $(n+1)_s$. Die folgenden Sektoren sind entweder alle weiß mit immer größer werdenden Zahlen oder es erscheint irgendwann der Sektor mir der Zahl $(n+1)_s$. Dann können auch schwarze Sektoren auftreten, deren Zahlen von $(n+1)$ immer weiter abnehmen. Es ist auch möglich, dass der Sektor $(n+1)_s$ erst nach dem Sektor n_w erscheint. Das spielt jedoch keine Rolle, denn es fällt auf, dass die $(n+1)$ Sektoren, die dem Sektor $(n+1)_w$ im Uhrzeigersinn folgen, die Zahlen von 1 bis $(n+1)$ besitzen, das heißt, dass eine Einteilung in zwei gewünschte Bereiche möglich ist. Entscheidend dafür ist, dass die weißen Sektoren im Uhrzeigersinn und die schwarzen Sektoren gegen den Uhrzeigersinn nummeriert wurden, das heißt, während die Zahlen der weißen Sektoren von 1 anfangend immer mehr steigen, sinken die der schwarzen Sektoren von $(n+1)$ im Uhrzeigersinn stetig ab. Irgendwann erreicht man bei dieser Betrachtungsweise die letzte Zahl, die in diesem Bereich noch gefehlt hat. Es ist nicht möglich, dass eine Zahl zweimal auftaucht, da sich die Zahlen der schwarzen und weißen Sektoren immer weiter annähern und noch vor einer Wiederholung die Trennlinie gezogen wird. Der zweite Bereich muss ebenfalls zu Zahlen von 1 bis $(n+1)$ enthalten, da es laut Aufgabenstellung $(n+1)$ schwarze und $(n+1)$ weiße Sektoren gibt, die jeweils von $(n+1)$ durchnummeriert sind.

Zu diesem Resultat gelangt man auch bei der Betrachtung der Sektoren $(n+1)_s$ und $(n+1)_w$ gegen den Uhrzeigersinn, mit dem Unterschied, dass dann die Zahlen der schwarzen Sektoren kleiner und die der weißen Sektoren größer werden.

Schließlich ist unter der Induktionsvoraussetzung für beide Fälle bewiesen worden, dass es eine Trennlinie, wie sie in der Aufgabenstellung beschrieben ist, gibt. Darüber hinaus wurde bewiesen, dass die Größe und Kongruenz der Sektoren bei dieser Aufgabe keine Rolle spielt. Deshalb kann die Größe der Sektoren beliebig gewählt werden.

4. Schlusswort

Während des Schreibens meiner Facharbeit bemerkte ich, dass das Thema vollständige Induktion um einiges umfangreicher und interessanter ist, als man annehmen möchte, wenn man komplizierte Definitionen im Internet (siehe Quellenangaben zu Definition der vollständigen Induktion) liest. Dort hört sich der Beweis mit vollständiger Induktion viel schwieriger an, als er in Wirklichkeit ist, sobald man sich einige Zeit damit beschäftigt hat. Ich habe viele Wettbewerbsaufgaben gefunden, die in sich sehr verschieden waren und doch nach dem gleichen Prinzip gelöst werden konnten. So kommt es auch, dass ich sowohl geometrische als auch algebraische Probleme in meine Facharbeit einbauen konnte. Es war nicht einfach aus der großen Menge an verfügbaren Aufgaben die richtigen auszuwählen, denn es gibt viele Fragestellungen, die man mit der vollständigen Induktion beantworten kann. Allerdings muss erwähnt werden, dass viele Aufgaben auch noch auf eine oder mehrere andere Weisen lösbar wären, wobei ich mich bei dieser Arbeit nur auf die Lösungen mit vollständiger Induktion konzentrierte.